W0301152

Cálculo y operaciones

Para trabajar el cálculo y sus aplicaciones

Este cuaderno pertenece a:

El cuaderno **Cálculo 4** de la serie **Entrénate** es una obra colectiva concebida, diseñada y creada por el Departamento de Ediciones Educativas de Santillana Educación, S. L., dirigido por Teresa Grence Ruiz.

En su elaboración ha participado el siguiente equipo:

TEXTO
Ana de la Cruz Fayos
Pilar García Atance
Silvia Marín García

EDICIÓN
Ana González Ramírez

ILUSTRACIÓN
Nuria Tamarit, Eduardo Leal

EDICIÓN EJECUTIVA
Carlos Pérez Saavedra

DIRECCIÓN DEL PROYECTO
Maite López-Sáez Rodríguez-Piñero
Domingo Sánchez Figueroa

Presentación

ENTRÉNATE es una colección de cuadernos para la etapa de Primaria, cuyo objetivo es practicar y reforzar las destrezas lingüísticas y matemáticas básicas: ortografía, escritura, cálculo y operaciones y razonamiento.

Los **cuadernos de cálculo y operaciones** están organizados por bloques que se desarrollan en grupos de fichas distinguibles por colores. Los niños y niñas podrán realizar cada una de estas fichas de manera autónoma, para afianzar las operaciones básicas y sus principales reglas, así como reconocer cuándo aplicar uno u otro tipo de cálculo en el entorno de la resolución de problemas.

Pero ¿qué tienen de especial los cuadernos de cálculo y operaciones **ENTRÉNATE**? Por primera vez se presenta un material didáctico de marcado carácter **lúdico y motivador**, que huye de la monotonía y el automatismo de otros cuadernos de cálculo y operaciones y hace más atractivo el trabajo.

Así, cada bloque comienza con un entrenamiento de los cálculos que se van a utilizar, y se continúa con algunas fichas donde se practican estos cálculos contextualizados en problemas cotidianos y extraídos de la que puede ser la vida real de los alumnos y alumnas a los que va dirigido.

Cada bloque termina con un juego donde, con carácter lúdico, se practican los cálculos y operaciones que se han trabajado.

El cuaderno incorpora un **solucionario** independiente, destinado a los docentes o tutores. En él aparecen las soluciones de las actividades propuestas en las fichas.

Estamos seguros de que, con **ENTRÉNATE**, los niños y niñas terminarán la Educación Primaria dominando el cálculo, sus reglas y operaciones con la rigurosidad y el nivel exigido, además habrán disfrutado de este novedoso material.

Índice

Me preparo para calcular 4

BLOQUE I

Sumas y restas combinadas

Ficha 1 Gimnasio matemático 7
Ficha 2 Problemas de sumas y restas combinadas 8
Ficha 3 Ludoteca 10

BLOQUE II

Multiplicación y potencias. Propiedad distributiva

Ficha 4 Gimnasio matemático 11
Ficha 5 Problemas de multiplicación 12
Ficha 6 Problemas de dos operaciones (suma, resta y multiplicación) 14
Ficha 7 Potencias 16
Ficha 8 Ludoteca 18

BLOQUE III

División con divisor de una cifra. Prueba de la división

Ficha 9 Gimnasio matemático 19
Ficha 10 Problemas de división con divisor de una cifra (exactas y enteras, significado del resto) 20
Ficha 11 Problemas de dos operaciones (suma, resta, multiplicación y división). 22
Ficha 12 Ludoteca 24

BLOQUE IV

Operaciones combinadas (suma, resta, multiplicación y división)

Ficha 13 Gimnasio matemático 25
Ficha 14 Problemas con operaciones combinadas (suma, resta, multiplicación y división) 26
Ficha 15 Ludoteca 28

BLOQUE V

División con divisor de dos cifras

Ficha 16 Gimnasio matemático 29
Ficha 17 Problemas de división con divisor de dos cifras (exactas y enteras, significado del resto) 30
Ficha 18 Problemas de dos operaciones (suma, resta, multiplicación y división con divisor de 2 cifras) 32
Ficha 19 Ludoteca 34

BLOQUE VI

Comparación de fracciones con igual denominador o numerador. Fracción de un número

Ficha 20 Gimnasio matemático 35
Ficha 21 Comparación de fracciones con igual denominador o numerador 36
Ficha 22 Fracción de un número 38
Ficha 23 Ludoteca 40

BLOQUE VII

Suma y resta de números decimales

Ficha 24 Gimnasio matemático 41
Ficha 25 Suma de números decimales 42
Ficha 26 Resta de números decimales 44
Ficha 27 Problemas con suma y resta de números decimales 46
Ficha 28 Ludoteca 48

BLOQUE VIII

Multiplicación de números decimales

Ficha 29 Gimnasio matemático 49
Ficha 30 Multiplicación de números decimales 50
Ficha 31 Problemas de dos operaciones con números decimales (suma, resta y multiplicación) 52
Ficha 32 Ludoteca 54

Sé calcular mejor 55

Me preparo para calcular

¿Para qué necesito calcular?

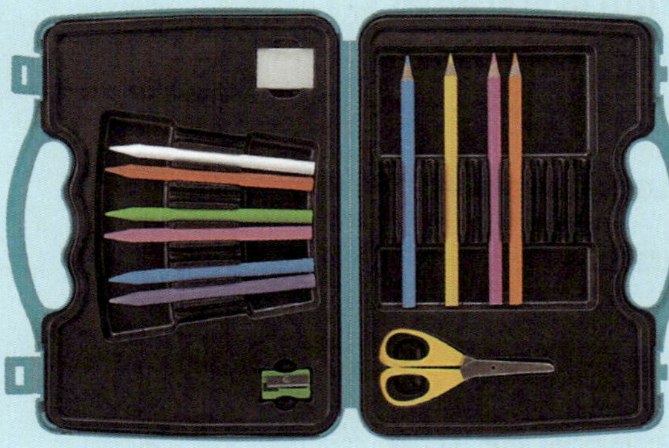

¿Qué necesito mejorar?

En los problemas

¿Sabes buscar los datos que necesitas?

○ Sí ○ No

¿Entiendes qué te preguntan?

○ Sí ○ No

¿Sabes identificar la operación con la que se resuelve un problema?

○ Sí ○ No

¿Sabes resolver problemas en los que se necesita más de una operación?

○ Sí ○ No

En las operaciones

- ○ Identifico los signos de cada operación: suma, resta y multiplicación.
- ○ Coloco correctamente los números para realizar operaciones en vertical.
- ○ Sumo y resto mentalmente números de una cifra.
- ○ Sé calcular sumas y restas.
- ○ Me sé las tablas de multiplicar.
- ○ Multiplico números de varias cifras.
- ○ Calculo divisiones.
- ○ Identifico el cociente y el resto en una división.

Tienes que mejorar todo lo que no has marcado.

Gimnasio matemático

1. Calcula.

A. $9 - 2 + 7 - 4 =$

B. $10 + 4 - 5 + 3 =$

C. $21 - 4 + 7 - 10 =$

D. $17 - (6 + 5) =$

E. $12 - (4 - 1) + 9 =$

F. $19 - (7 + 5) - 3 =$

2. **Lee y relaciona cada texto con la expresión correspondiente.**

A. A la suma de 25, 8 y 6 le resto la suma de 10 y 4.

B. A 25 le resto la suma de 8, 6 y 10 y, después, le sumo 4.

C. A 25 le resto la diferencia de 8 y 6 y, después, le resto la suma de 10 y 4.

$25 - (8 - 6) - (10 + 4)$

$(25 + 8 + 6) - (10 + 4)$

$25 - (8 + 6 + 10) + 4$

CÁLCULO MENTAL

$52 + 13 =$ ☐

$52 + 23 =$ ☐

$52 + 33 =$ ☐

$52 + 43 =$ ☐

$12 + 13 =$ ☐

$22 + 23 =$ ☐

$32 + 33 =$ ☐

$42 + 43 =$ ☐

En el *camping* La Arboleda

En la tabla aparece el número de hombres, mujeres y niños que hubo cada día en el *camping*.

	Hombres	Mujeres	Niños
Lunes	24	35	18
Martes	29	27	14
Miércoles	37	30	20
Jueves	38	42	23
Viernes	45	48	35
Sábado	65	70	40

1. Observa los datos de la tabla y contesta.

- ¿Cuántos niños menos que hombres y mujeres había el lunes en el *camping*?

Solución ▸ ______________

- ¿Cuántas mujeres y niños más que hombres había el jueves en el *camping*?

Solución ▸ ______________

2. **Escribe las operaciones en una sola expresión y calcula.**

- ¿Cuántos niños menos que hombres hubo en los tres primeros días de la semana?

Solución ▸ ______________________________

- El domingo en el *camping* había 25 hombres más que el sábado, 32 mujeres menos que el sábado y 17 niños más que el sábado. ¿Cuántas personas en total había el domingo en el *camping*?

Solución ▸ ____________________

3. **Lee la noticia y calcula cuántas personas corrieron en la maratón.**

En el *camping* La Arboleda se ha organizado una maratón. Se han apuntado 50 hombres, 15 mujeres menos que hombres y 25 niños más que mujeres.

Solución ▸ ______________________________

Ludoteca: El desayuno

Reglas del juego

1. Encuentra el valor de cada objeto, sabiendo que cada uno tiene un valor diferente.
2. Completa la suma en blanco.
3. Sustituye cada dibujo por su valor y halla las expresiones.

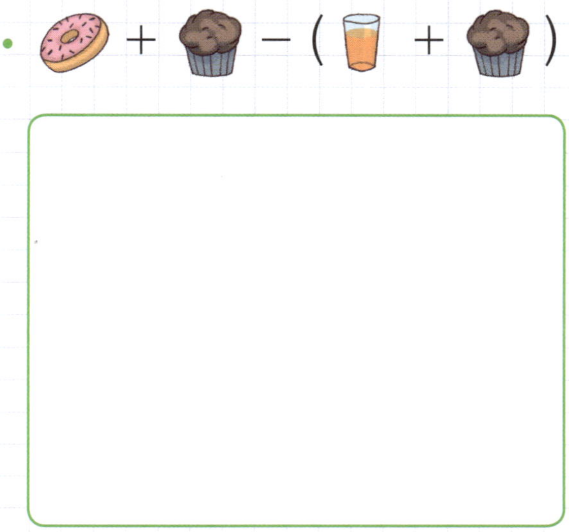

Gimnasio matemático

1. Calcula.

A. 1.467×58

B. 2.185×64

C. 5.163×284

2. Aplica la propiedad distributiva y calcula las potencias.

A. $3 \times (5 + 4) =$

B. $2 \times (8 - 4) =$

C. $5 \times (9 - 2) =$

D. $3^2 =$

E. $2^4 =$

F. $10^3 =$

CÁLCULO MENTAL

$10 \times 3 =$ ☐

$20 \times 3 =$ ☐

$30 \times 3 =$ ☐

$40 \times 3 =$ ☐

$8 \times 2 =$ ☐

$10 \times 2 =$ ☐

$12 \times 2 =$ ☐

$14 \times 2 =$ ☐

Trenes de alta velocidad

Alte
569 km

Águila
780 km

Pardo
1.245 km

1. Observa los kilómetros que recorre cada tren en un día y responde.

- ¿Cuántos kilómetros recorre cada tren en una semana?

ALTE ÁGUILA PARDO

- ¿Cuántos kilómetros recorre el tren Alte en 45 días? ¿Y el tren Pardo?

Solución ▸ ____________________

- ¿Cuántos kilómetros recorre el tren Águila en un año?

Solución ▸ ____________________

2. Observa la tabla con los datos del año pasado y contesta.

Tren	Número de viajes	Número de pasajeros
A	85	236
B	94	347
C	138	415
D	206	406

- ¿Cuántos pasajeros transportó cada tren el año pasado?

Tren A

Tren B

Tren C

Tren D

- Este año tienen previsto que el tren A transporte el doble de pasajeros que el año pasado, y el tren C, el triple que el año pasado. ¿Cuántos pasajeros transportará cada tren?

Solución ▸ ______

En el hospital

1. Observa los precios del material que van a comprar para el nuevo hospital y responde.

- En el hospital necesitan 364 toallas.
  El presupuesto del hospital para toallas es de 5.000 €. ¿Cuánto dinero les sobra?

  Solución ▸ ______________________________

- Hay 58 médicos. Cada uno necesita un fonendoscopio. El hospital quiere tener 24 más de repuesto. ¿Cuánto gastan en fonendoscopios?

  Solución ▸ ______________________________

- Disponen de 67 habitaciones individuales y 59 dobles. ¿Cuánto dinero destinarán para las camas?

  Solución ▸ ______________________________

2. Lee y calcula.

Esta semana han ido al hospital 9.873 pacientes.

- El lunes fueron al hospital 1.314 personas.
- El martes fueron 751 personas.
- El miércoles fueron el doble que el martes.
- El sábado fueron 2.253 personas.

• El jueves fueron al hospital 237 personas más que el miércoles. ¿Cuántas personas fueron el jueves?

Solución ▸ ______________________________

• En total, de lunes a viernes, fueron al hospital 5.905 personas. ¿Cuántas personas fueron el viernes?

Solución ▸ ______________________________

• ¿Cuántas personas fueron el domingo?

Solución ▸ ______________________________

Los materiales del colegio

6 cajas con 6 borradores cada una.

8 cajas con 8 estuches cada una. 8 lápices en cada estuche.

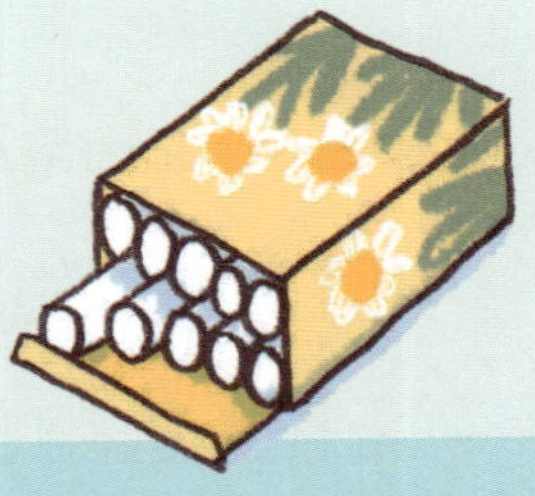

10 cajas con 10 paquetes. 10 tizas en cada paquete.

1. Observa los productos del almacén del colegio y calcula.

Escribe cada producto en forma de potencia y calcula.

- ¿Cuántos borradores hay en total? ¿Y tizas?

Solución ▸ ______________________

- ¿Cuántos lápices de colores hay en total?

Solución ▸ ______________________

2. Lee, escribe en forma de potencia y calcula.

En el almacén del colegio hay 4 estanterías.
Cada estantería tiene 4 cajas.
En cada caja hay 4 carpetas con 4 sobres cada una, y cada sobre tiene 4 tarjetas.
¿Cuántas tarjetas hay en total? Solución ▸ ______________________

3. **Lee, escribe en forma de potencia y resuelve.**

En el almacén del colegio guardan también material deportivo. Hay 5 cajas con 5 paquetes de pelotas de tenis en cada una. ¿Cuántas pelotas hay?

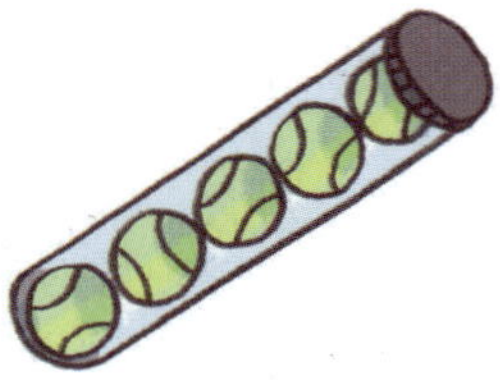

Solución ▸ ______________________

4. **Lee, escribe en forma de potencia y responde.**

Desde el año pasado, en el colegio se realiza una recogida benéfica de material escolar.

- El año pasado, para organizar la recogida, se presentaron 3 alumnos como voluntarios.
- Este año se ha presentado el triple de alumnos que el año pasado.
- Se espera que el año que viene se presente el triple de voluntarios que este año, y así sucesivamente.

• ¿Cuántos alumnos se espera que se presenten voluntarios el año que viene?

Solución ▸ ______________________

• ¿Cuántos alumnos se estima que se presenten el cuarto año?

Solución ▸ ______________________

Ludoteca: Sopa de números

Reglas del juego

1. Realiza las operaciones.
2. Busca los resultados en la sopa de números y rodéalos.

934×58

3^5

1.456×7

11^2

278×65

2^8

3	3	1	0	7	4	2	5
0	2	5	6	8	0	2	9
2	5	4	2	3	1	1	9
1	5	1	8	0	7	0	1
7	9	7	0	1	3	1	2
8	2	2	4	3	5	9	7
9	8	3	8	7	2	2	8
6	1	2	1	2	5	7	1
2	5	4	1	7	8	2	7
4	7	9	4	6	3	0	1

OPERACIONES:

Gimnasio matemático

1. Coloca los números y calcula. Después, haz la prueba de las divisiones.

A. 510 : 6

B. 185 : 7

C. 332 : 8

2. Calcula las siguientes divisiones.

A. 3.896 : 4

B. 5.268 : 5

C. 9.024 : 6

CÁLCULO MENTAL

7 + 8 =

17 + 8 =

17 + 18 =

27 + 28 =

10 − 6 =

30 − 6 =

30 − 16 =

40 − 26 =

Repoblando el vivero

1. Observa los árboles de cada especie que hay en el vivero y contesta.

- Los pinos se plantarán en partes iguales en 5 parcelas. ¿Cuántos pinos se plantarán en cada una?

Solución ▸ ________________

- Los álamos se plantarán en partes iguales en 6 parcelas. ¿Cuántos álamos se plantarán en cada una?

Solución ▸ ________________

- Los manzanos se han plantado en partes iguales en 8 parcelas. ¿Cuántos manzanos han sobrado?

Solución ▸ ________________

- Los naranjos se han plantado en partes iguales en 9 parcelas. ¿Cuántos naranjos han sobrado?

Solución ▸ ________________

2. **Observa las plantas que hay en el vivero y algunos de sus precios, y calcula.**

- Hoy por los potos vendidos se ha recaudado un total de 540 €. ¿Cuántos potos se han vendido hoy?

Solución ▸ ______________________________

- El mes pasado el vivero recaudó por los rosales vendidos un total de 1.920 €. ¿Cuántos rosales vendió?

Solución ▸ ______________________________

- La semana pasada por las adelfas vendidas se recaudaron 1.435 €. ¿Cuántas adelfas se vendieron?

Solución ▸ ______________________________

- Para el próximo mes, el vivero tiene previsto recaudar 350 € por la venta de lilos. ¿Cuántos lilos como mínimo tiene que vender?

Solución ▸ ______________________________

Una excursión en bicicleta

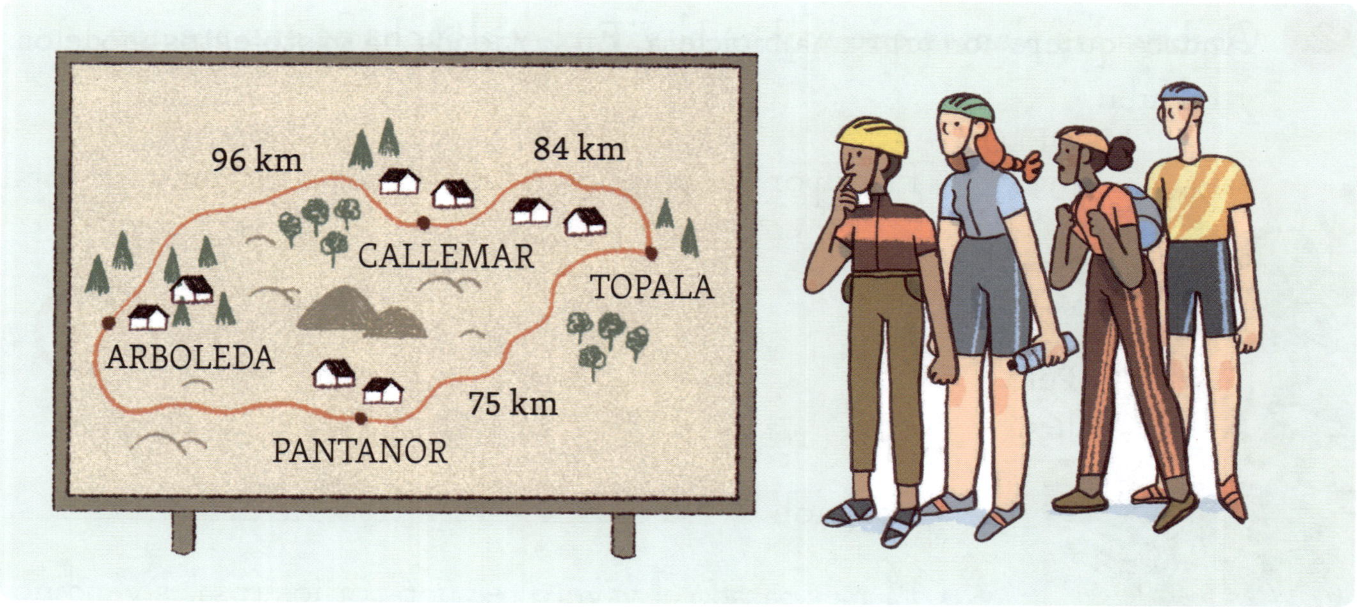

1. Observa las distancias del mapa y contesta.

- El lunes saldrán de Arboleda e irán a Topala pasando por Callemar. Quieren hacer el trayecto en 6 horas, recorriendo cada hora el mismo número de kilómetros. ¿Cuántos kilómetros deben recorrer cada hora?

Solución ▸ ____________________

- El miércoles fueron de Arboleda a Topala pasando por Pantanor. En total recorrieron 147 km. Desde Arboleda hasta Pantanor tardaron 3 horas, recorriendo cada hora el mismo número de kilómetros. ¿Cuántos kilómetros recorrieron cada hora?

Solución ▸ ____________________

2. **Andrea quiere comprar una bicicleta. En la tienda ha visto estos modelos.**

MODELO A	MODELO B	MODELO C
199 €	240 €	325 €

- El modelo A tiene una rebaja de 75 € y se puede pagar en partes iguales en 4 meses. ¿Cuánto pagará cada mes?

Solución ▶ ______________________________

- El modelo B se puede pagar en partes iguales en 4 o 5 meses. ¿Cuánto se pagará al mes con una opción más que con la otra?

Solución ▶ ______________________________

- Andrea ha elegido el modelo C y también ha comprado un casco por 35 €. El total quiere pagarlo en partes iguales en más de 6 meses y menos de 9. ¿Cuánto tendrá que pagar cada mes?

Solución ▶ ______________________________

Ludoteca: Cuadrado mágico

Reglas del juego

1. Calcula las divisiones.
2. Completa el cuadrado con los restos de las divisiones que has calculado para obtener un cuadrado mágico.

A. 4.673 : 6

C. 591 : 4

E. 123 : 2

G. 727 : 8

B. 497 : 3

D. 4.715 : 9

F. 8.497 : 7

H. 1.204 : 5

Un cuadrado es mágico cuando la suma de los números de cada fila, de cada columna y de cada diagonal es igual.

En este cuadrado, la suma es 15.

9		

Gimnasio matemático

1. Calcula.

A. $9 + 2 - 3 - 4 + 8$

B. $8 + 3 \times 2 - 5 - 1$

C. $12 - (4 + 2 - 1) \times 2$

D. $10 - 3 - 4 + 6 - 2$

E. $8 - 3 \times 2 + 5 - 4$

F. $15 - 8 : 4 + 3 \times 5 - 9$

CÁLCULO MENTAL

$8 \times 2 =$ ☐

$10 \times 2 =$ ☐

$12 \times 2 =$ ☐

$14 \times 2 =$ ☐

$20 \times 2 =$ ☐

$21 \times 2 =$ ☐

$22 \times 2 =$ ☐

$23 \times 2 =$ ☐

El kiosco

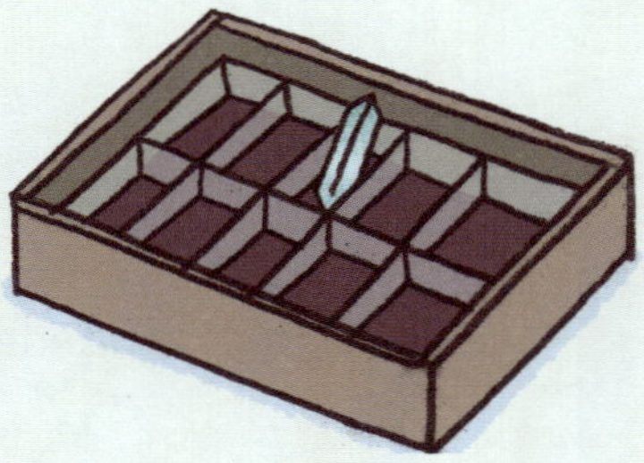

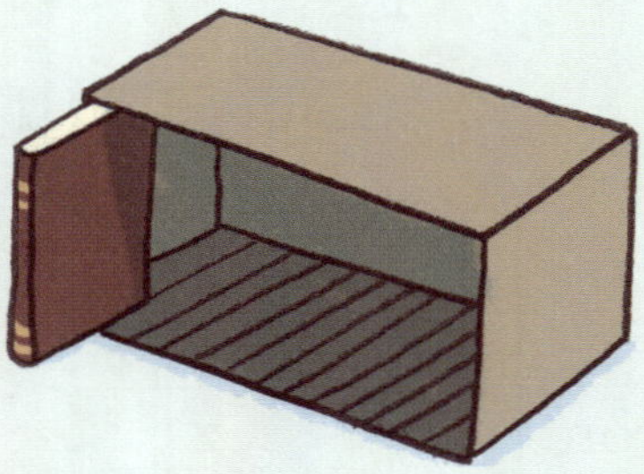

Colección de minerales
- 1.er fascículo: 2 €
- 9 pagos de 5 €

Colección de cuentos
- 1.er fascículo: 3 €
- 12 pagos de 7 €

Colección de miniaturas
46 €

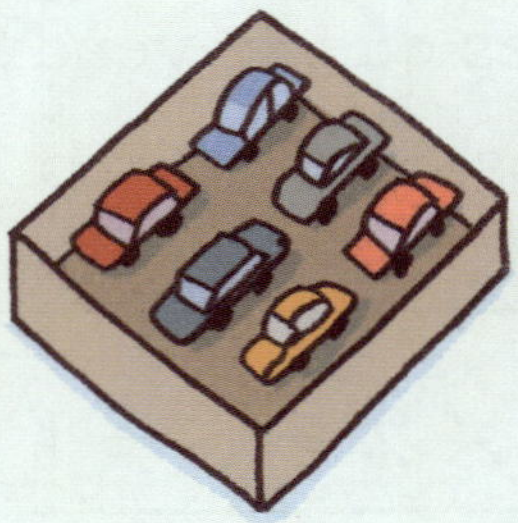

Colección de abanicos
44 €

1. **Calcula y, después, escribe en forma de operación combinada.**

- ¿Cuál es el precio de la colección completa de minerales?

Solución ▸ ____________________

- ¿Cuál es el precio de la colección completa de cuentos?

Solución ▸ ____________________

- La colección de miniaturas se puede hacer con un fascículo inicial de 6 € y el resto en 5 mensualidades iguales. ¿Cuánto se pagará en cada mensualidad?

Solución ▸ ____________________

- La colección de abanicos se puede hacer con un fascículo inicial de 2 € y el resto en 7 mensualidades iguales. ¿Cuánto se pagará en cada mensualidad?

Solución ▸ ____________________

2. Resuelve y expresa en forma de operación combinada.

En el gráfico se ha representado el número de fascículos de dos colecciones que se vendieron en un kiosco los cuatro primeros meses del año.

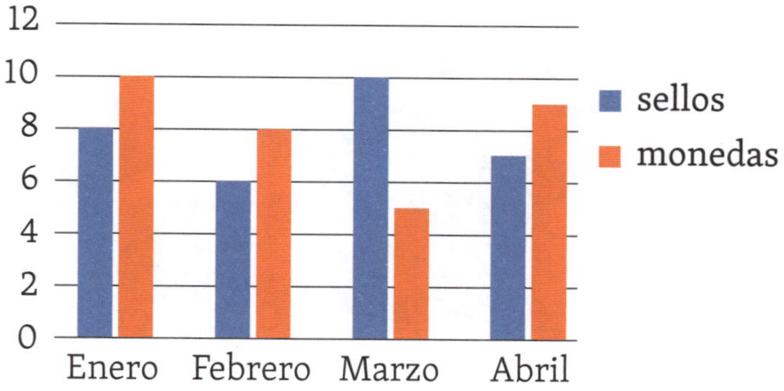

Un fascículo de sellos cuesta 8 €, y uno de monedas, 12 €.

- ¿Cuánto se recaudó en total en enero?

Solución ➤ ____________________

- ¿Cuánto se recaudó en total en febrero?

Solución ➤ ____________________

- ¿Cuánto se recaudó por los sellos entre enero y febrero?

Solución ➤ ____________________

- ¿Cuánto se recaudó por las monedas entre marzo y abril?

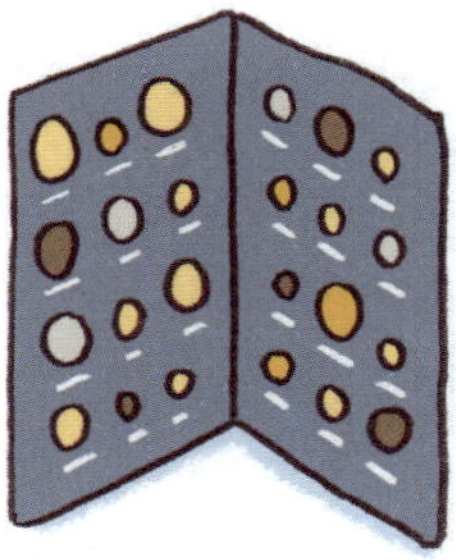

Solución ➤ ____________________

Ludoteca: Crucigrama

Reglas del juego

1. Completa el crucigrama con los números 1, 2, 3, 4 y 5.
2. Realiza todas las operaciones y comprueba que lo has resuelto correctamente.

1 2 3 4 5

	+	8	−	5	=	8
×		:		×		−
3	×	2	+		=	8
−		−		−		+
6	+		=	7		
=		+		+		=
9	−	5	×	1	=	4
		=		=		
1	+	8	:	4	=	

OPERACIONES:

Gimnasio matemático

1. Calcula.

A. 4.640 : 32

C. 5.735 : 64

E. 9.241 : 85

B. 57.820 : 59

D. 14.845 : 71

F. 38.880 : 96

2. Piensa y escribe.

A. Una división exacta cuyo divisor es 15.

B. Una división entera cuyo divisor es 57.

CÁLCULO MENTAL

$10 \times 3 =$ ___

$20 \times 3 =$ ___

$30 \times 3 =$ ___

$40 \times 3 =$ ___

$11 \times 3 =$ ___

$21 \times 3 =$ ___

$31 \times 3 =$ ___

$41 \times 3 =$ ___

Extraescolares

1. Observa los cursos que ofrece la academia y contesta.

- ¿Qué curso tiene la hora de clase más barata? ¿Y más cara?

Fotografía | Teatro | Informática

Solución ›

- Julia decidió no terminar el curso de fotografía y le cobraron 143 € por 11 horas. ¿Cuánto pagó por cada hora?

Solución ›

- A Marta solo le interesaba una parte del curso de informática. En total pagó 108 € por 12 horas de clase. ¿Cuánto pagó por una hora?

Solución ›

2. **En la tabla aparece el número de personas que se apuntaron el año pasado a cada curso.**

Curso	Número de personas
Teatro	825
Informática	1.130
Fotografía	540

- Con las personas apuntadas a teatro se hicieron grupos con más de 13 personas y menos de 16 sin sobrar ninguna. ¿Cuántas personas había en cada grupo? ¿Cuántos grupos se formaron?

Solución ▸ ______________________

- Con las personas apuntadas a informática, primero se hizo un grupo de 30 personas y con el resto se hicieron grupos de 25 personas. ¿Cuántos grupos se formaron en total?

Solución ▸ ______________________

- Un tercio de las personas apuntadas al curso de fotografía iba al turno de mañana y el resto al turno de tarde. ¿Cuántas personas iban al turno de tarde?

Solución ▸ ______________________

Fiestas del barrio

Ya están próximas las fiestas del barrio y han traído adornos para decorar las calles.

1. **Observa los banderines y farolillos que han traído de cada color y contesta.**

- ¿Cuántos adornos rojos han traído?

  Solución ▸ ______________

- ¿Cuántos adornos verdes hay?

  Solución ▸ ______________

- Han traído 5 cajas con 84 banderines azules cada una. Ya han colocado 60. ¿Cuántos les quedan por colocar?

  Solución ▸ ______________

- Han traído 8 cajas con 90 banderines amarillos cada una. Se estropearon 74. ¿Cuántos banderines amarillos quedaron?

  Solución ▸ ______________

- Colocaron dos cajas de farolillos azules: una con 85 farolillos y otra con 115, en partes iguales en 4 calles. ¿Cuántos farolillos azules pusieron en cada una?

  Solución ▸ ______________

2. Observa las atracciones que había en las fiestas del barrio y resuelve.

- Un grupo de 16 personas hace un viaje en los coches de choque. ¿Cuánto pagará como máximo? ¿Y como mínimo?

  Solución ▶ ____________________

- Un grupo de 18 personas sube a la noria y paga lo mínimo posible. ¿Cuánto ha pagado en total?

  Solución ▶ ____________________

- Un grupo de 23 personas hace un viaje en tren. ¿Tendrá suficiente con 40 € para pagar? ¿Cuánto dinero le sobra o le falta?

  Solución ▶ ____

- Laura se ha gastado 20 € y ha subido a todas las atracciones. ¿Cuántos viajes ha hecho en cada atracción? Escribe tres posibles soluciones.

  Solución ▶ ____________________________________

Ludoteca: Colorea y descubre

Reglas del juego

1. Calcula las divisiones.
2. Colorea:
   - (marrón) ▸ Zonas marcadas con un número menor que el cociente menor.
   - (verde) ▸ Zonas marcadas con un número comprendido entre el cociente menor y el mayor.
   - (naranja) ▸ Zonas marcadas con un número mayor que el cociente mayor y menor que 600.

A. 7.918 : 37

C. 5.189 : 48

E. 9.020 : 62

B. 15.284 : 78

D. 23.715 : 85

F. 35.710 : 93

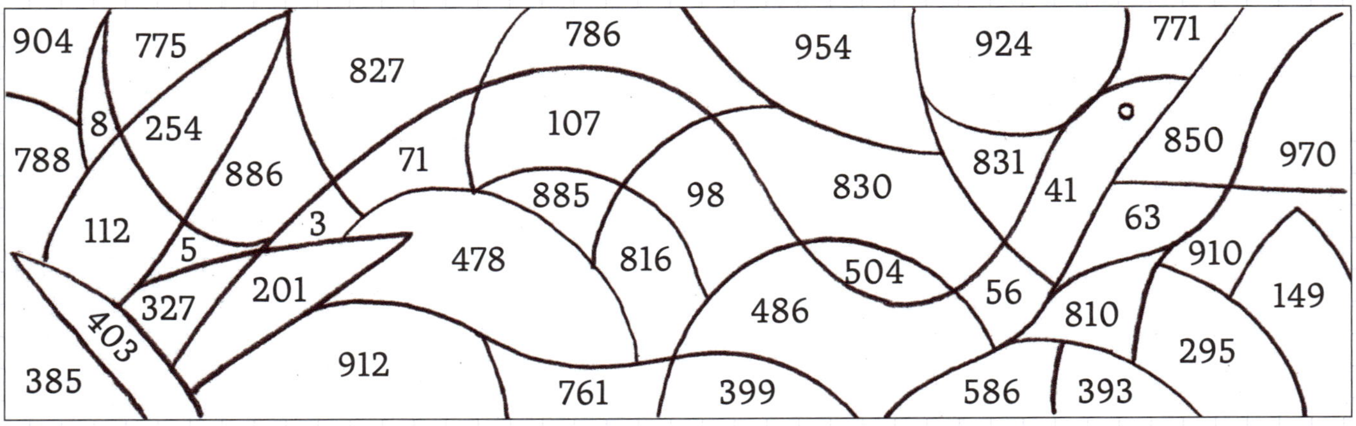

Gimnasio matemático

1. Compara las fracciones y escribe el signo correspondiente.

A. $\frac{1}{4} \bigcirc \frac{3}{4}$ B. $\frac{4}{7} \bigcirc \frac{2}{7}$ C. $\frac{6}{7} \bigcirc \frac{6}{5}$ D. $\frac{2}{5} \bigcirc \frac{2}{6}$

2. Calcula.

A. $\frac{1}{5}$ de 40

C. $\frac{3}{8}$ de 232

B. $\frac{3}{5}$ de 35

D. $\frac{3}{7}$ de 161

CÁLCULO MENTAL

$20 \times 4 = \square$

$30 \times 4 = \square$

$40 \times 4 = \square$

$50 \times 4 = \square$

$21 \times 4 = \square$

$31 \times 4 = \square$

$41 \times 4 = \square$

$51 \times 4 = \square$

La pizzería

1. **Observa los datos y colorea la parte de pizza que comió cada niño.**

Andrés 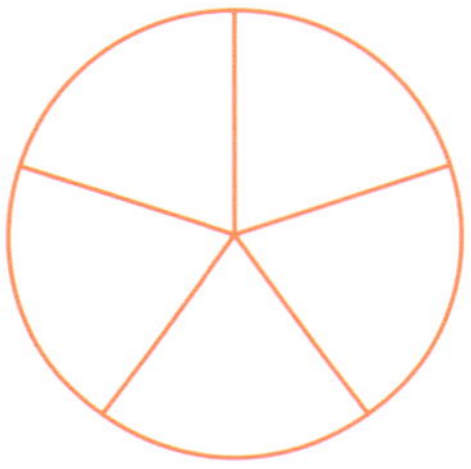

Carlota 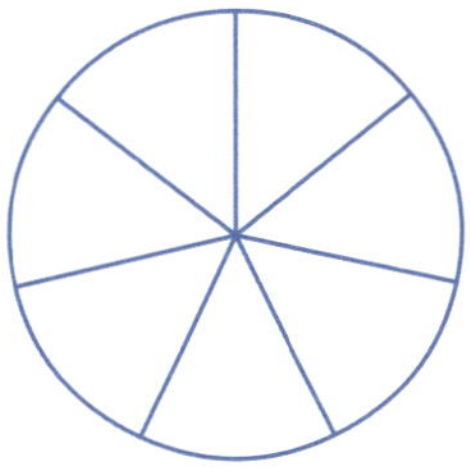

2. **Observa la cantidad de pizza que han comido Sara, Pablo y Valentina y contesta.**

- ¿Qué fracción de pizza comió cada uno?

Sara | Pablo | Valentina

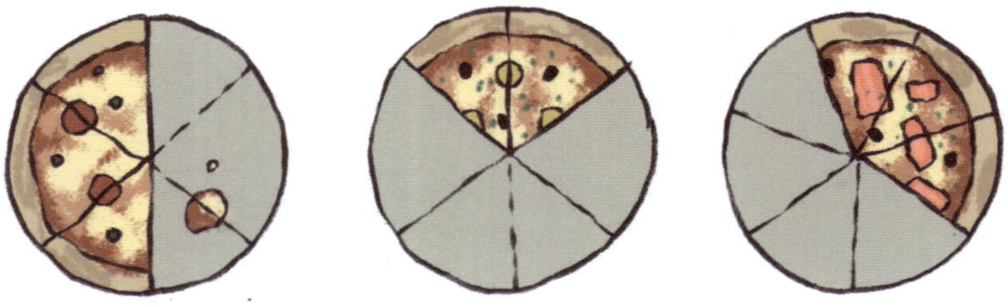

Sara ▸

Pablo ▸

Valentina ▸

- ¿Quién comió más pizza? Justifica tu respuesta.

Solución ▸ ____________________

3. Observa las mesas de la pizzería y contesta.

- ¿Qué fracción de las sillas están ocupadas en estas mesas? ¿Cuál es mayor?

Mesa A

Mesa B

Mesa C

Solución ▸ ______________________________

- Ha llegado a la pizzería un grupo de cuatro amigos y otro de cinco amigos. Explica en qué mesa colocarías a cada grupo.

Solución ▸ ______________________________

____

- ¿Qué fracción de las sillas quedan libres en cada caso? ¿Cuál es menor?

Mesa D

Mesa E

Solución ▸ ______________________________

En el colegio

1. Observa los datos y contesta.

- ¿Cuántas chicas hay?

Solución ▸ ____________________

- ¿Cuántos chicos hay?

Solución ▸ ____________________

2. Lee y calcula.

¿Cuántos alumnos hay castaños? ¿Y rubios? ¿Y morenos?

$\frac{5}{9}$ del total son castaños.

$\frac{2}{5}$ del total son rubios.

El resto son morenos.

3. **Para ir al colegio, los alumnos utilizan estas formas de transporte:**

- Un sexto de los alumnos va andando.
- A dos tercios de los alumnos los llevan sus padres en coche.
- El resto utiliza el transporte público.

• ¿Cuántos alumnos van andando?

Solución ▸ ____________________

• ¿Cuántos llegan en coche?

Solución ▸ ____________________

4. **Observa los datos de las actividades extraescolares y calcula.**

• ¿Cuántos alumnos practican cada actividad?

Baloncesto **Kárate**

• ¿Cuántos alumnos no practican ninguna de esas actividades?

Solución ▸ ____________________

Ludoteca: El dibujo escondido

Reglas del juego

1. Observa las fracciones y compáralas mentalmente.
2. En cada caso, comienza en la fracción indicada y une las fracciones de menor a mayor para descubrir el dibujo escondido.

Primero, une en color naranja fracciones con denominador 9.

Comienza en la fracción $\frac{1}{9}$.

Después, une en color verde fracciones con numerador 7.

Comienza en la fracción $\frac{7}{16}$.

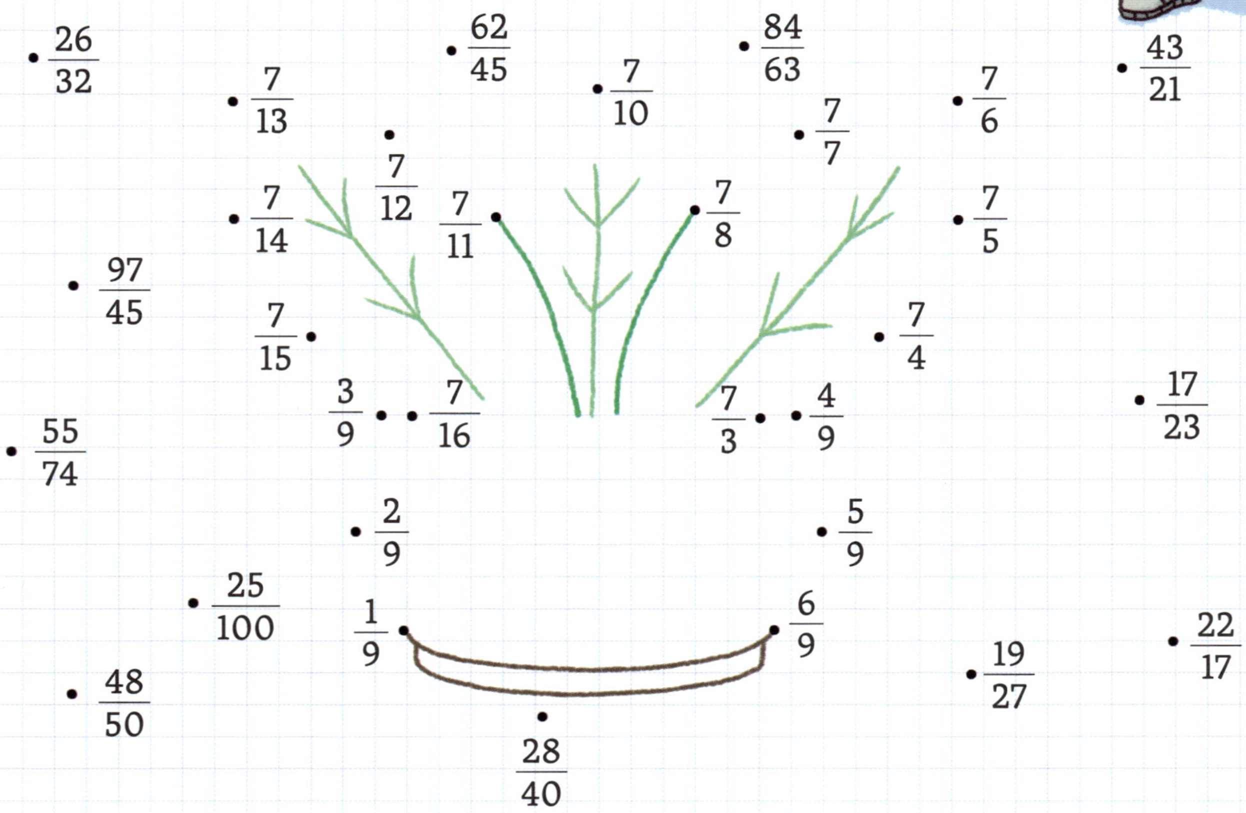

Gimnasio matemático

1. Realiza las siguientes sumas y restas de números decimales.

A. 4,5 + 3,69

D. 18,3 + 15,803

B. 24,35 − 14,38

E. 812,37 − 8,957

C. 251,7 + 5,37 + 4,003

F. 2,04 + 32,7 + 121,6

CÁLCULO MENTAL

10 × 5 = ☐

11 × 5 = ☐

12 × 5 = ☐

13 × 5 = ☐

20 × 5 = ☐

21 × 5 = ☐

22 × 5 = ☐

23 × 5 = ☐

Deportes olímpicos

1. Observa el tiempo de cada atleta del equipo de relevos y contesta.

- ¿Cuánto tiempo han tardado en total en finalizar la carrera de relevos?

EQUIPO DE CROACIA

11,54 s 11,98 s
12,35 s 13,07 s

Solución ▸ ______

- Calcula el tiempo final realizado por otros dos equipos. ¿Qué país realiza peor marca: Croacia, Senegal o Perú?

EQUIPO DE SENEGAL

10,54 s 10,95 s
11,22 s 11,53 s

▸

EQUIPO DE PERÚ

2,09 s más que el equipo de Croacia

▸

Solución ▸ ______

2. Lee y responde.

Alfredo ha participado en tres pruebas de natación: braza, espalda y mariposa.

- En la prueba de 100 m braza ha tardado 59,26 s.
- En la prueba de 200 m espalda ha tardado 59,58 s más que en la de braza.
- En la prueba de 200 m mariposa ha tardado 52,97 s más que en la de braza.

• ¿Cuánto tiempo ha tardado en la prueba de espalda?

Solución ▸ ____________________

• ¿Cuánto tiempo ha tardado en la prueba de mariposa?

Solución ▸ ____________________

3. Observa los datos de estas atletas de salto con pértiga y calcula.

¿Qué atleta ha saltado más alto?

Mejores marcas	
Sonia	4,79 m
Ruth	4,86 m

Solución ▸ ____

El parque natural

1. **Observa cómo baja el agua del lago en época de sequía y contesta.**

- ¿Cuánto bajó la capacidad del lago del parque desde el mes de mayo hasta el mes de junio? ¿Y de junio a julio?

De mayo a junio

De junio a julio

- El agua del lago del parque bajó 208,73 millones de litros desde julio hasta agosto. ¿Cuántos litros quedaban en agosto?

Solución ▸ ____________________

- ¿Cuántos millones de litros bajó la capacidad desde mayo hasta agosto?

Solución ▸ ____________________

2. Lee y calcula.

En el parque natural hay tres especies de árbol: pino, haya y roble.
Se suelen agrupar por zonas.

En la siguiente tabla se muestran algunas características de cada zona.

	Superficie de la zona (en hectáreas)	Altura media de los árboles (en metros)
Pino	75,87	14,87
Haya	165,2	18,56
Roble	90,04	23

- ¿Cuánta superficie más ocupan las hayas que los pinos?

Solución ▸ ____________________

- ¿Cuál es la diferencia entre la superficie de hayas y robles?

Solución ▸ ____________________

- ¿Cuáles son las diferencias entre las alturas de los árboles?

Pino y haya | Pino y roble | Haya y roble

El restaurante

Lasaña de verduras

Receta para 4 personas:

- 0,6 kg de verduras
- 0,08 kg de harina
- 0,075 kg de mantequilla
- 0,9 litros de leche
- 12 placas de pasta de lasaña

1. Observa los ingredientes para hacer la lasaña de verduras y contesta.

- ¿Cuántos kilos de verduras sobrarán?

Solución ▸ ____________________

- La mantequilla se vende en bloques de 0,25 kg. ¿Cuántos kilos de mantequilla sobrarán si utilizamos la que indica la receta?

Solución ▸ ____________________

- En una botella de leche quedan 0,72 ℓ. ¿Cuántos litros más se necesitan?

Solución ▸ ____________________

2. Observa la carta del restaurante y contesta.

PRIMEROS PLATOS	SEGUNDOS PLATOS	POSTRES
Lasaña .... 12,65 €	Merluza ... 22,43 €	Tarta de queso ..... 6,20 €
Sopa .... 11,98 €	Escalope ... 18,36 €	Macedonia .... 5,80 €

- Paula ha pedido una lasaña, una merluza y una macedonia. Si paga con un billete de 50 €, ¿cuántos euros le devuelven?

Solución ▸ ____________________

- Víctor quiere pedir sopa, escalope y tarta de queso. ¿Puede pedir los tres platos? ¿Cuánto le sobra o le falta?

Solución ▸ ____________________

- La cuenta de Rocío es de 40,88 €. Después de pagar, le han devuelto 19,12 €. ¿Con cuántos euros pagó?

Solución ▸ ____________________

- Eva ha pedido lasaña y tarta. La cuenta es de 19,85 €. ¿Es correcta la cuenta?

Solución ▸ ____________________

Ludoteca: La tómbola

Reglas del juego

1. Observa los boletos que han comprado Rosa y Enrique.
2. Resuelve las operaciones de sus boletos.
3. Para conseguir un premio hay que tener dos boletos con el mismo resultado.

2,5 + 23,6	7,25 − 4,3	4,24 + 3,72	12,65 + 13,45
17,2 + 2,41 + 3,6	7,84 + 12,1 + 6,16	4,7 + 1,2 + 17,31	6,5 + 14,1 + 2,61

- Rosa ha ganado ______________________________
- Enrique ha ganado ______________________________

Gimnasio matemático

1. Calcula.

A. 7,29 × 8

D. 3,64 × 0,7

G. 59,3 × 0,06

B. 51,6 × 14

E. 4,18 × 0,23

H. 0,432 × 3,8

C. 21,2 × 135

F. 77,16 × 3,18

I. 8,42 × 69,8

CÁLCULO MENTAL

17 + 15 = ☐

17 + 25 = ☐

46 − 9 = ☐

46 − 19 = ☐

14 × 2 = ☐

13 × 3 = ☐

12 × 4 = ☐

12 × 5 = ☐

En la frutería

- 2 kg de manzanas
- 0,75 kg de peras
- 1 melón

1. **Observa los precios de las frutas que quiere comprar Martín y contesta.**

- ¿Cuánto dinero le cuestan las manzanas?

Solución ▸ ______________________________

- ¿Cuánto le cuestan las peras?

Solución ▸ ______________________________

- De entre todos los melones, elige uno que pesa 1,8 kg. ¿Cuánto dinero le cuesta el melón?

Solución ▸ ______________________________

2. Lee y contesta.

Cada día, Raúl compra la fruta al por mayor, algo más barata que como él la vende en su tienda.

Compra al por mayor	Venta en la frutería
Uvas: 1,10 €/kg	Uvas: 3,24 €/kg
Plátanos: 1 €/kg	Plátanos: 2,28 €/kg

- ¿Cuánto paga Raúl por la compra de 80,5 kg de uvas?
- ¿Cuánto dinero obtiene si consigue vender todas las uvas?

Solución ▸ ____________________

Solución ▸ ____________________

- ¿Cuánto paga Raúl por la compra de 52,75 kg de plátanos?
- ¿Cuánto dinero obtiene si consigue vender todos los plátanos?

Solución ▸ ____________________

Solución ▸ ____________________

Viaje en coche

La familia de Julia está preparando su viaje para empezar las vacaciones de verano.

1. Observa los precios de la gasolina y contesta.

- Antes de salir a la carretera, deciden llenar el depósito de gasolina. Su depósito tiene una capacidad de 60 litros y solo les queda la mitad. ¿Cuánto dinero les cuesta llenar el depósito?

Solución ▸ ______________________________

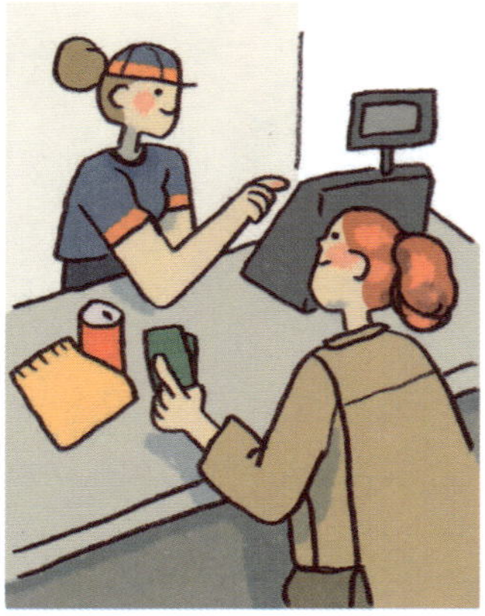

- Al ir a pagar, Julia pide al dependiente un refresco que le cuesta 2,35 € y unos aperitivos que le cuestan 3,49 € para tomar durante el viaje. Si paga con un billete de 50 €, ¿cuánto le devuelven?

Solución ▸ ______________________________

2. **Lee y contesta.**

La estatura mínima con la que se puede viajar en el asiento delantero del coche es de 1,35 m. Julio mide 1,28 m y su hermana Jessica mide 0,16 m más que él. ¿Puede viajar alguno de los dos en el asiento del copiloto? ¿Cuánto le falta o le sobra a Jessica?

Solución ▸ ______________________

3. **Observa el GPS al iniciar el viaje, calcula y contesta.**

- El GPS marca que su destino se encuentra a 347,6 km.
- Al llegar a la gasolinera, el GPS marca su destino a 348,2 km.

- ¿La gasolinera está más cerca o más lejos de su destino? ¿Cuánto más?

Solución ▸ ______________________

- ¿Cuántos kilómetros recorren en total desde que salen de casa hasta que llegan a su destino?

Solución ▸ ______________________

Ludoteca: Enlosado de números

Reglas del juego

1. Parte de las huellas y consigue salir del tablero siguiendo el camino correcto.
2. Para avanzar en el tablero debes realizar las operaciones que indica la leyenda.
3. Solo podrás avanzar si el resultado de la operación aparece en la casilla indicada.

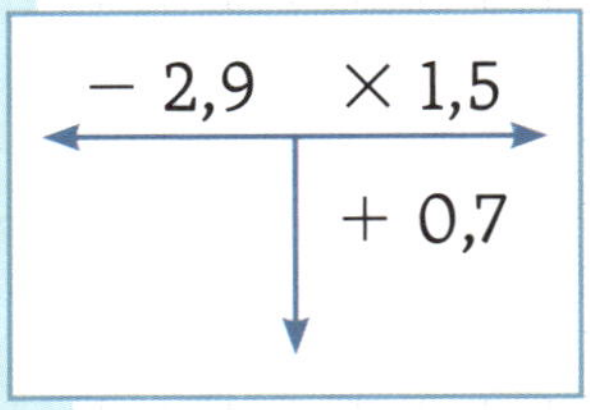

6,04	9,3	13,95
6,74	8,6	14,65
7,44	12,45	15,35
10,25	13,15	14,05
10,95	10,23	5,07
11,65	17,475	26,25

OPERACIONES:

Regalar mazapán casero

Este año, por Navidad, vas a cocinar mazapán casero para regalárselo a los compañeros de tu curso.

Necesitas conocer qué ingredientes utilizarás y cuánto tiempo te va a llevar cocinarlo. Has encontrado esta receta en Internet:

Los ingredientes:

La preparación:

1. Poner todos los ingredientes en un bol y amasarlos durante 10 minutos.
2. Tomar trozos de masa y formar figuritas. En total salen 30 figuritas.
3. Hornear durante 6 minutos.

- **La receta de Internet. Observa y calcula.**
    - ¿Cuántos gramos de miel necesitas para 30 figuritas según la receta?

      Solución ▸ ____________________

    - ¿Cuántos gramos de masa obtendrás en total?

      Solución ▸ ____________________

- **Los compañeros del curso. Lee y contesta.**

  - En 4.° de Primaria hay 3 clases: A, B y C.

    Observa la tabla y calcula el número total de alumnos del curso.

Clase	A	B	C
N.° de alumnos	18	22	20

Solución ▸ ______________________

  - Quieres regalar una figurita de mazapán a cada compañero.

    ¿Cuántas figuritas tienes que preparar?

    ¿Son suficientes las cantidades de la receta?

Solución ▸ ______________________

- **La masa necesaria. Recuerda el número de figuritas que vas a preparar y calcula los gramos que necesitas de cada ingrediente.**